CONCEITOS
MATEMÁTICOS
SOBRE O DINAMISMO

Leandro Bertoldo

Leandro Bertoldo
Conceitos Matemáticos Sobre o Dinamismo

Leandro Bertoldo
Conceitos Matemáticos Sobre o Dinamismo

De: _____

Para: _____

_____

_____

Leandro Bertoldo
Conceitos Matemáticos Sobre o Dinamismo

Leandro Bertoldo
Conceitos Matemáticos Sobre o Dinamismo

Dedico este livro ao meu irmão
Francisco Leandro Bertoldo.

Leandro Bertoldo
Conceitos Matemáticos Sobre o Dinamismo

"Toda a dificuldade jaz na debilidade e estreiteza do espírito humano".

Ellen Gould White
(1827-1915)
Escritora, conferencista, conselheira,
educadora norte-americana e cofundadora da
Igreja Adventista do Sétimo Dia.

Leandro Bertoldo
Conceitos Matemáticos Sobre o Dinamismo

Sumário

Dados biográficos
Prefácio

Leandro Bertoldo
Conceitos Matemáticos Sobre o Dinamismo

Dados biográficos

Leandro Bertoldo é escrevente, professor, cientista em exatas, palestrante e um prolífero escritor, que até o presente momento proferiu 2.000 palestras e publicou mais de 80 livros, com mais de 30.000 exemplares distribuídos.

Os seus livros são conhecidos em todo o Brasil e fora dele. Suas obras apresentam diferentes seguimentos e estilos literários.

Dedicado aos estudos, fez as faculdades de Física (1981) e de Direito (2004) na Universidade de Mogi das Cruzes – UMC.

Nasceu em 1959 na cidade de São Paulo - SP. É filho primogênito de José Bertoldo Sobrinho (1926-2004), e de Anita Leandro Bezerra (1941-2010). Seu irmão Francisco Leandro Bertoldo (1961) é oficial de justiça em Itaquaquecetuba – SP.

Desde 25 de junho de 1992 está casado com Daisy Menezes Bertoldo (1963), funcionária do Tribunal de Justiça do Estado de São Paulo. Tornou-se dono dos amorosos cachorros: Fofa, Pitucha, Calma, Mimo e Serena.

Sua filha, Beatriz Maciel Bertoldo (1982), fruto do seu primeiro casamento com Francineide Maciel, é advogada em Mogi das Cruzes - SP. Ela está casada com Vicente Alves dos Santos Júnior, e tem um filho chamado Samuel Bertoldo Alves dos Santos (2016).

O seu interesse pela área de exatas vem desde os 17 anos de idade, quando começou a escrever algumas teses originais sobre assuntos inéditos a respeito dos grandes temas da Física e da Matemática.

No início da década de oitenta, quando ainda era graduando no curso de Ciências Exatas e Tecnológicas na Universidade de Mogi das Cruzes – UMC – o autor desenvolveu muitas de suas grandes teses científicas, que resultaram em vários livros.

Todos os seus livros de exatas defendem teses inéditas em Física e Matemática. Entre eles, destacam-se: "Teoria Matemática e Mecânica do Dinamismo" (2002); "Teses da Física Clássica e Moderna" (2003); Colisões e Deformações (2015); "Cálculo Seguimental" (2005); "Artigos Matemáticos" (2006) e "Geometria Leandroniana" (2007), discutidos por grupos de graduandos em várias universidades do país.

Prefácio

Em janeiro de 1978, Leandro sistematizou a sua teoria sobre a causa da velocidade dos corpos em movimento num pequeno artigo intitulado por *Dinamismo*. Ele sabia que estava diante de uma ideia original.

Nesse artigo ele apresentou algumas leis básicas sobre a causa do movimento, conforme os seguintes enunciados:

1ª Lei - *No movimento retilíneo e uniforme ao infinito, a velocidade de um corpo é diretamente proporcional à sua força induzida.*

2ª Lei - *No movimento uniformemente variado, a variação de velocidade de um corpo é diretamente proporcional à sua variação de força induzida.*

3ª Lei - *No movimento uniformemente variado, a variação de força induzida num corpo é diretamente proporcional à variação de tempo.*

4ª Lei - *Sob a interação da força induzida qualquer corpo mantém o seu estado de movimento retilíneo e uniforme ao infinito.*

5ª Lei - *Na ausência da força induzida qualquer corpo mantém o seu estado absoluto de repouso absoluto.*

Verifica-se que os princípios apresentados são revolucionários, e que os fenômenos cinemáticos e as suas causas são descritos em função das leis causais que fundamentam o Dinamismo.

Porém, quando começou a considerar a resistência oferecida pela inércia e a relação da força induzida com a força externa, a sua teoria viu-se em sérias dificuldades, pois ela não levava em consideração tais efeitos.

Na época, todas as suas tentativas para solucionar o problema resultaram infrutíferas. Por isso resolveu deixar a questão de lado para posterior e melhor análise.

Em 1995 retornou ao problema deixado sem solução alguns anos antes e chegou a um resultado para a questão da inércia e das forças.

Ele demonstrou a maneira como a sua inovadora teoria do Dinamismo, não só estava relacionada com a Dinâmica newtoniana, como também a generalizava.

Nessa segunda fase do seu trabalho ele demonstrou a validade das seguintes leis gerais do movimento:

Lei I - *A força externa que atua sobre um corpo é igual ao produto entre sua massa pela aceleração que apresenta.*

Lei II - *A força dinâmica, que resulta da força externa após esta vencer a oposição oferecida pela força de inércia, é igual ao produto entre a constante universal chamada estímulo pela aceleração que o corpo apresenta.*

Lei III - *A força de inércia que a matéria exerce em oposição à alteração do seu estado de repouso é igual à diferença matemática entre a intensidade da força externa pela força dinâmica.*

Lei IV - *A variação de força induzida num corpo no decorrer do tempo, devido à interação da força dinâmica, é igual ao produto entre a intensidade da força dinâmica pela variação de tempo.*

Por meio destas quatro leis, Leandro generalizou a sua teoria do Dinamismo, a qual estava fundamentada na interação de quatro forças básicas, a saber: força externa, força dinâmica, força de inércia e força induzida.

Considerando essas forças, o presente livro foi dividido em treze capítulos e tem por objetivo apresentar um estudo analítico da lei geral do Dinamismo relacionando dois estados quaisquer de um corpo num dado movimento, ou seja, um determinado movimento sofre uma *transformação de estado* quando ocorre a modificação de pelo menos duas das variáveis de *estado dinâmico*, razão pela qual o livro encontra-se alicerçado em cinco partes.

A primeira versa analiticamente sobre a equação geral do dinamismo e sua relação entre dois estados quaisquer de um corpo num dado movimento.

A segunda parte estuda o estado *Isodinâmico* que ocorre quando a massa e a força externa sofrem variações, enquanto que a força dinâmica permanece constante.

A terceira estuda o estado *Isomaza*, que é aquele em que a força dinâmica e a força externa variam, enquanto que a massa do corpo é mantida constante.

A quarta parte estuda o estado de movimento intitulado *Isodina*, no qual a massa e a força dinâmica de um corpo variam, enquanto que a força externa é mantida constante.

Finalmente a quinta parte estuda o estado *Isoinerciais*, onde a força de inércia é mantida constante independentemente de qualquer alteração das variáveis de estado dinâmico do movimento.

O autor espera de coração que o leitor possa tirar o máximo de proveito no estudo do presente trabalho.

leandrobertoldo@ig.com.br

Leandro Bertoldo
Conceitos Matemáticos Sobre o Dinamismo

1. Leis do Dinamismo

1. Introdução

O *Dinamismo* é uma nova teoria que visa explicar de forma consistente as causas fundamentais do movimento. Esta teoria generalizou a *Cinemática* e a *Dinâmica,* num conceito todo único e harmonioso. Ela estabelece a relação existente entre forças e movimento, bem como suas consequências. Nesta obra será abordado o estudo das relações matemáticas fundamentais do Dinamismo.

2. Força Induzida

No ano de 1978, Leandro lançou a ousada hipótese de que pela ação de uma força induzida constante, todo corpo move-se uniformemente em linha reta ao infinito, a menos que uma força externa venha a alterar tal força induzida. Portanto, para a teoria do Dinamismo, a força induzida conservada num móvel é o agente que faz com que ele venha a permanecer num estado de movimento retilíneo e uniforme.

As experiências permitem verificar que, sob a ação de uma força externa constante aplicada num corpo, a variação da força induzida em um móvel é igual ao produto existente entre a força dinâmica pela variação de tempo. Sendo que tal enunciado é expresso simbolicamente pela seguinte igualdade:

$$\Delta i = f \cdot \Delta t$$

Tal expressão demonstra que enquanto a força dinâmica permanecer interagindo num móvel no decorrer do tempo tanto maior será a quantidade de força induzida comunicada a esse móvel a cada instante. E que quanto maior força intensidade de força dinâmica, tanto maior será a quantidade de força induzida por instante.

3. Força Externa

A força externa consiste na ação de um agente externo que atua sobre o corpo para movimentá-lo, podendo perder o contato com o móvel depois que a ação dessa força for concluída.

Matematicamente a força externa é definida como sendo igual ao produto existente entre a massa do corpo pela aceleração adquirida.

Simbolicamente o referido enunciado é expresso pela seguinte equação:

$$F = m \cdot \alpha$$

A força externa que atua sobre um corpo pode ser provocada por vários meios naturais. Entre esses meios destacam-se os seguintes: força muscular, força elástica, força magnética, força elétrica e força gravitacional.

4. Força Dinâmica

A força dinâmica é definida como sendo uma resultante da força externa, quando esta vence a oposição oferecida pela força de inércia.

Se a partir do repouso de um corpo, a força dinâmica for nula, não existirá a força induzida e por consequência o corpo continuará em repouso. Se a força dinâmica for constante, o corpo entrará num movimento uniformemente variado. E, se a força dinâmica deixar de interagir com o corpo, esta passará do seu estado de movimento uniformemente variado para o estado de movimento retilíneo e uniforme ao infinito.

Matematicamente a força dinâmica é definida como sendo igual ao valor da constante de proporcionalidade denominada por *estímulo*, multiplicada pelo valor da aceleração adquirida pelo móvel.

O referido enunciado é expresso simbolicamente pela seguinte igualdade:

$$f = e . \alpha$$

Quanto maior for a interação da força dinâmica, tanto maior será a aceleração adquirida pelo móvel. Desse modo fica claro que a força dinâmica além de estar relacionada com a força induzida, também está relacionada com a aceleração adquirida por um corpo.

5. Força de Inércia

A força de inércia é aquela que oferece uma oposição à variação do movimento. Quanto maior for a variação do movimento e da massa, tanto maior será a intensidade da força de inércia.

A força de inércia é um conceito técnico próprio da teoria do Dinamismo. Essa força é definida, matematicamente, como sendo igual à força externa aplicada sobre o corpo pela diferença da força dinâmica.

Simbolicamente, o referido enunciado é caracterizado pela seguinte expressão:

$$I = F - f$$

As quatro forças verificadas até o presente momento são fundamentais para a perfeita compreensão da teoria do Dinamismo.

6. Equação Geral do Dinamismo

A equação geral do Dinamismo estabelece que a força dinâmica que interage num móvel é proporcional à intensidade de força externa e inversamente proporcional à massa do corpo.

Simbolicamente o referido enunciado é expresso pela seguinte relação matemática:

$$f = e \cdot F/m$$

A referida expressão mostra que quanto maior for a força externa aplicada sobre um móvel, tanto maior será a força dinâmica. E quanto maior for a massa do corpo, tanto menor será a força dinâmica. Também se pode verificar, pela referida expressão, que a alteração da massa, não altera de forma alguma a intensidade de força externa aplicada sobre o corpo, mas altera a intensidade de força dinâmica que interage nesse corpo.

O estudo da referida equação possibilita a definição da chamada *Variável de Estado Dinâmico do Movimento*. Estas definições serão amplamente discutidas nos futuros capítulos do presente livro.

7. Velocidade

A velocidade é um fenômeno cinemático cuja causa é devida à interação de forças induzidas. E quanto maior for a força induzida acumulada ou conservada num móvel, tanto maior será sua velocidade.

Em termos matemáticos pode-se dizer que a força induzida que interage sobre um corpo em movimento, é igual ao produto entre o estímulo pela velocidade do móvel.

Simbolicamente o referido enunciado é expresso pela seguinte equação:

$$i = e . V$$

Esta equação estabelece a relação matemática que existe entre a força induzida de um móvel e a velocidade que o mesmo apresenta. Ela afirma que quanto maior for a força induzida conservada num móvel, tanto maior será a velocidade que apresenta. Dela pode-se concluir que a causa de todo e qualquer movimento é a força induzida conservada no móvel.

8. Peso

O peso de um corpo é uma força que se manifesta somente quando o corpo está em repouso em relação a um referencial.

Na teoria do Dinamismo o peso é definido como sendo igual ao produto existente entre a massa do corpo pela força dinâmica que interage nele. Sendo que tal enunciado é expresso simbolicamente pela seguinte equação:

$$p = m . f$$

Tal equação afirma que quanto maior for a massa de um corpo, tanto maior será o seu peso. Também afirma que quanto maior for a intensidade de força dinâmica que interage nesse corpo, tanto maior será o peso desse corpo.

Por essa equação fica claro que se não houver a interação de nenhuma intensidade de força dinâmica, o corpo não apresentará nenhuma intensidade de peso.

9. Ímpeto da Inércia

Por uma simples questão de simetria que será verificada em capítulos futuros, define-se uma grandeza física denominada por variação de ímpeto da inércia, a qual é igual ao produto existente entre a força de inércia pela variação de tempo.

Simbolicamente o referido enunciado é expresso pela seguinte igualdade:

$$\Delta H = I \cdot \Delta t$$

Por essa equação pode-se afirmar que a variação de ímpeto da inércia será tanto maior quanto maior for a força de inércia. E também será tanto maior quanto maior for a variação de tempo.

10. Força Dinâmica Gravitacional

A força dinâmica gravitacional que atua sobre um corpo em queda livre ou em repouso é diretamente proporcional à massa do planeta e inversamente proporcional ao quadrado da distância que separa o centro do planeta ao corpo.

Simbolicamente o referido enunciado é expresso pela seguinte equação:

$$f = \omega \cdot M/d^2$$

Onde a letra (ω) representa uma constante de proporcionalidade.

A referida expressão mostra que a intensidade de força dinâmica que um corpo pode ser submetido num ponto do espaço do campo gravitacional depende apenas da massa do planeta e do quadrado da distância que separa o centro do planeta do ponto considerado.

2. Espectro Dinâmico

1. Introdução

O *espectro dinâmico* é o conjunto das forças inerciais e dinâmicas, resultantes da decomposição da força externa aplicada sobre um móvel.

Quando uma intensidade de força externa é aplicada externamente sobre um móvel, ela é parcialmente absorvida para vencer a oposição oferecida pela inércia e parcialmente transmitida como uma resultante denominada por força dinâmica.

2. Equação Fundamental

Sendo (F) a intensidade de força externa aplicada, (I) a parcela correspondente a força de inércia e, (f) a parcela que emerge numa resultante dinâmica. Então se pode afirmar que a força externa aplicada sobre um corpo é igual à soma das parcelas das forças de inércia e dinâmica.

Simbolicamente, o referido enunciado é expresso pela seguinte equação:

$$F = I + f$$

3. Grandezas Adimensionais

Para avaliar que proporção de força externa sofre os fenômenos dinâmicos de absorção e transmissão, podem-se definir duas grandezas adimensionais denominadas por:

a) Absorvidade Dinâmica (η)

b) Fluxo Dinâmico (ϕ)

4. Absorvidade Dinâmica

A absorvidade dinâmica é definida como sendo igual ao quociente da força de inércia (I) do móvel, inversa pela intensidade de força externa (F), aplicada sobre o corpo.

Simbolicamente o referido enunciado é expresso pela seguinte relação:

$$\eta = I/F$$

5. Fluxo Dinâmico

O fluxo dinâmico é definido como sendo igual ao quociente da força dinâmica (f) do móvel, inversa pela intensidade de força externa (F) aplicada sobre o corpo.

Simbolicamente, o referido enunciado é expresso pela seguinte relação:

$$\phi = f/F$$

6. Equação Avaliatória

A soma da absorvidade e do fluxo dinâmico permite escrever que:

$$\eta + \phi = I/F + f/F = (I + f)/F = F/F = 1$$

Portanto a referida soma estabelece que:

$$\eta + \phi = 1$$

A referida expressão é denominada por equação avaliatória. Desse modo, por exemplo, quando um móvel apresenta absorvidade dinâmica caracterizada por ($\eta = 0,3$) isto significa que 30% da intensidade de força aplicada externamente sobre o corpo foi absorvida para vencer a oposição da inércia. Os restantes (70%) caracterizam a intensidade de força dinâmica que resulta através do fluxo ($\phi = 0,7$).

7. Repouso

Por definição, *repouso* é o corpo que absorve toda a intensidade de força externa nele aplicada. Logo, decorre daí que sua absorvidade dinâmica é representada por:

$$\eta = 1 \ (100\%)$$

Nestas condições seu fluxo dinâmico apresenta o seguinte resultado:

$$\phi = 0$$

Isto significa que a força externa aplicada sobre o corpo não pode vencer a barreira da força de inércia. Nessa situação não houve força dinâmica resultante. Portanto o corpo permanece em seu estado de repouso.

8. Relação (I)

No presente capítulo foi demonstrada a seguinte verdade:

a) $\eta = I/F$
b) $F = I + f$

Portanto, substituindo convenientemente as duas últimas expressões, resulta que:

$$\eta = (F - f)/F$$

Eliminando os termos em evidência, vem que:

$$\eta = 1 - f/F$$

Entretanto, também foi demonstrado que:

$$\phi = f/F$$

Logo, substituindo convenientemente as duas últimas expressões, resulta que:

$$\eta = 1 - \phi$$

9. Relação (II)

No presente capítulo foi demonstrado as seguintes verdades:

a) $\phi = f/F$
b) $F = I + f$

Logo, substituindo convenientemente as duas últimas expressões, vem que:

$$\phi = (F - I)/F$$

Eliminando os termos em evidência, resulta:

$$\phi = 1 - I/F$$

Porém, foi demonstrado que:

$$\eta = I/F$$

Portanto, substituindo convenientemente as duas últimas expressões, resulta que:

$$\phi = 1 - \eta$$

10. Força de Inércia

A inércia é a força que tende a opor-se à ação da força externa aplicada sobre um corpo. Ela pode ser definida da seguinte maneira:

Sabe-se que:

a) $\eta = I/F$
b) $\eta = 1 - f/F$

Substituindo convenientemente as duas últimas expressões, resulta que:

$$I/F = 1 - f/F$$

Portanto, a força de inércia é expressa por:

$$I = F \cdot (1 - f/F)$$

Porém, sabe-se que:

$$\phi = f/F$$

Substituindo convenientemente as duas últimas expressões, resulta que:

$$I = F \cdot (1 - \phi)$$

Esse resultado é interessante porque mostra como a força de inércia reage em relação à intensidade de força externa aplicada sobre um corpo e também em relação ao comportamento do fluxo dinâmico.

11. Força Dinâmica

A força dinâmica é aquela que resulta da força externa ao vencer a oposição oferecida pela força de inércia. Em termos matemáticos ela pode ser definida da seguinte maneira:

Sabe-se que:

a) $\phi = f/F$
b) $\phi = 1 - I/F$

Igualando-se convenientemente as duas últimas expressões, resulta que:

$$f/F = 1 - I/F$$

Portanto pode-se concluir que a força dinâmica é expressa por:

$$f = F \cdot (1 - I/F)$$

Também foi demonstrado que:

$$\eta = I/F$$

Assim substituindo convenientemente as duas últimas expressões, resulta que:

$$f = F \cdot (1 - \eta)$$

Essa expressão mostra como é fixada a intensidade da força dinâmica em relação à intensidade da força externa aplicada sobre um corpo, bem como a relação com o comportamento da absorvidade dinâmica.

3. Lei Geral do Dinamismo

1. Introdução

Segundo a teoria do Dinamismo, *estado dinâmico* do movimento de um corpo fica perfeitamente caracterizado pelos valores assumidos por quatro grandezas físicas, a saber:

a) Força externa (**F**)
b) Força dinâmica (**f**)
c) Força de inércia (**I**)
d) Massa (**m**)

Estas grandezas fundamentais à compreensão da Mecânica constituem as chamadas variáveis de estado dinâmico do movimento.

2. Equação Geral do Dinamismo

As principais variáveis de estado dinâmico (F, f e m) estão relacionadas com a denominada equação geral do Dinamismo. Ela sintetiza três leis básicas da transformação do movimento.

A referida equação estabelece que o produto existente entre a massa pela força dinâmica é diretamente proporcional à intensidade de força externa.

Simbolicamente o referido enunciado é expresso pela seguinte equação:

$$m \cdot f = e \cdot F$$

Onde (e) é uma constante de proporcionalidade igual para todos os corpos em movimento. Desse modo (e) não é uma constante característica de um movimento em particular, mas é uma constante universal.

A constante (e) é denominada por *estímulo*. Seu valor depende somente das unidades das variáveis: *força externa*, *força dinâmica* e *massa*.

3. Estado Dinâmico

Considere dois estado diferente de um movimento, a saber:

a) Primeiro estado: m_1 , f_1, F_1

b) Segundo estado: m_2 , f_2 , F_2

Aplicando a equação geral apresentada anteriormente aos dois estados do movimento considerado, tem-se:

$$e \cdot F_1 = m_1 \cdot f_1$$
$$e \cdot F_2 = m_2 \cdot f_2$$

Dividindo-se membro a membro as expressões anteriores, obtém-se que:

$$F_1/F_2 = m_1 \cdot f_1/m_2 \cdot f_2$$

Ou melhor:

$$m_1 \cdot f_1/F_1 = m_2 \cdot f_2/F_2$$

A referida expressão representa analiticamente a denominada *lei geral do estado dinâmico*. Ela relaciona dois estados quaisquer de um dado movimento.

4. Transformação de Estado

Um determinado movimento sofre uma *transformação de estado* quando ocorre a modificação de pelo menos duas das variáveis de estado dinâmico.

Na realidade são bastante comuns as transformações em que ocorrem as modificações de duas variáveis, mantendo-se uma constante. Elas são classificadas da seguinte forma:

a) Transformação *Isodinamia*
b) Transformação *Isomaza*
c) Transformação *Isodine*

5. Transformação Isodinamia

A transformação do movimento é caracterizada pela modificação do estado dinâmico. E toda vez que a massa (m) e a força externa (F) variam, enquanto a força dinâmica (f) permanece constante, a transformação é denominada por ISODINAMIA (*Iso* = igual e *dinamia* = força).

Nestas condições, pode-se apresentar a seguinte demonstração:

$$m_1 . f_1/F_1 = m_2 . f_2/F_2$$

Entretanto, sabe-se que a transformação *Isodinamia* é caracterizada pela seguinte igualdade:

$$f_1 = f_2$$

Então a expressão geral do Dinamismo fica reduzida à seguinte:

$$m_1/F_1 = m_2/F_2$$

A referida relação pode ser assim enunciada:

Quando a força dinâmica permanece constante, a massa e a força externa de um movimento são diretamente proporcionais.

O movimento de transformação *Isodinâmia* é caracterizado pelo movimento dos corpos em queda livre num campo gravitacional uniforme.

6. Transformação Isomaza

A transformação do movimento de um móvel, no qual a força dinâmica (f) e a força externa (F) variam, enquanto a massa (m) é mantida constante, é denominada por transformação ISOMAZA (*Iso* = igual e *maza* = massa).

Dentro dos referidos parâmetros, pode-se apresentar a seguinte demonstração:

$$m_1 . f_1/F_1 = m_2 . f_2/F_2$$

Porém, como a transformação *Isomaza* é caracterizada pela seguinte igualdade:

$$m_1 = m_2$$

Então, a expressão geral fica reduzida à seguinte:

$$f_1/F_1 = f_2/F_2$$

A referida relação é enunciada da seguinte maneira:

Quando a massa do corpo permanece constante, a força dinâmica e a força externa de um movimento são diretamente proporcionais.

7. Transformação Isodine

A transformação do movimento de um móvel, onde a massa (m) e a força dinâmica (f) variam, enquanto a força externa (F) é mantida constante, é denominada por transformação ISODINE (*Iso* = igual e *dine* = força).

Dentro dos referidos critérios pode-se apresentar a seguinte demonstração:

$$m_1 \cdot f_1/F_1 = m_2 \cdot f_2/F_2$$

Entretanto, na transformação *Isodine* é válida a seguinte igualdade:

$$F_1 = F_2$$

Então, a expressão geral fica reduzida à seguinte igualdade:

$$m_1 \cdot f_1 = m_2 \cdot f_2$$

A referida igualdade pode ser enunciada da seguinte forma:

Sob a ação de força externa constante, a massa e a força dinâmica de um movimento são inversamente proporcionais.

Por *inversamente proporcional* deve-se entender que, toda vez que a massa aumentar, a força dinâmica decresce na mesma proporção e vice-versa.

8. Relação (I)

Sabe-se que a transformação *Isodinamia* é caracterizada pela seguinte propriedade:

$$f_1 = f_2$$

Foi demonstrado que a equação fundamental é expressa por:

$$F = I + f$$

Substituindo convenientemente as duas últimas expressões, resulta que:

$$F_1 - I_1 = F_2 - I_2$$

A referida igualdade é uma característica da transformação *Isodinamia*.

9. Relação (II)

Sabe-se que a transformação *Isodine* está fundamentada na seguinte propriedade:

$$F_1 = F_2$$

Foi demonstrado que:

$$F = I + f$$

Substituindo convenientemente as duas últimas expressões, vem que:

$$I_1 + f_1 = I_2 + f_2$$

A referida igualdade é uma característica da transformação *Isodine*.

10. Relação (III)

Finalmente, pode-se acrescentar uma nova transformação, denominada por *Isoinercial*. Esta transformação é caracterizada pela seguinte propriedade:

$$I_1 = I_2$$

Foi demonstrado que:

$$F = I + f$$

Substituindo convenientemente as duas últimas expressões, pode-se escrever que:

$$F_1 - f_1 = F_2 - f_2$$

A referida igualdade é uma característica oriunda da chamada transformação *Isoinercial*.

4. Equações Gerais

1. Introdução

O presente capítulo tem por objetivo fundamental apresentar algumas expressões matemáticas que venham a caracterizar a descrição geral do dinamismo dos corpos em movimento.

As referidas equações são aquelas que caracterizam o movimento dos corpos, onde as variáveis de estado dinâmico sofrem modificações.

2. Equação Básica

A equação básica do Dinamismo estabelece que a força externa é igual a soma entre a força de inércia com a força dinâmica.

Simbolicamente, o referido enunciado é expresso pela seguinte equação:

$$F = I + f$$

3. Equação Geral

A equação geral do Dinamismo afirma que a força dinâmica de um móvel é diretamente proporcional à intensidade de força externa e inversamente proporcional à massa do corpo.

Simbolicamente o referido enunciado é expresso pela seguinte equação:

$$f = e \cdot F/m$$

Onde a letra (e) representa uma constante universal denominada por estímulo. Ela também caracteriza o fluxo dinâmico em seu estado fundamental (ϕ_o).

Considera-se o estado fundamental quando a força e a massa apresentam o valor da unidade. Simbolicamente pode-se escrever que:

$$e \equiv \phi_0$$

Portanto, o estímulo (e) é numericamente igual ($\equiv$) ao fluxo dinâmico no seu estado fundamental (ϕ_0).

4. Equação Fundamental

A denominada equação fundamental do Dinamismo é deduzida da seguinte forma:

Foi demonstrado que:

$$f = e \cdot F/m$$

A segunda lei de Newton estabelece que a força externa aplicada sobre um móvel é igual ao produto existente entre sua massa pela aceleração adquirida pelo móvel.

$$F = m \cdot \alpha$$

Substituindo convenientemente as duas últimas expressões, obtém-se que:

$$f = e \cdot \alpha$$

Portanto, conclui-se que a força dinâmica apresentada por um móvel é igual ao produto existente entre o estímulo pela aceleração desenvolvida pelo móvel.

5. Relação (I)

No presente estudo foi apresentada a seguinte equação:

a) $F = I + f$
b) $f = e \cdot F/m$

Substituindo convenientemente as duas últimas expressões:

$$I = F \cdot (1 - e/m)$$

Essa expressão mostra como a força de inércia se comporta com a força externa aplicada sobre um corpo e com a massa desse corpo.

6. Relação (II)

No presente estudo foi apresentada a realidade das seguintes equações:

a) $F = I + f$
b) $F = m \cdot f/e$

Substituindo convenientemente as duas últimas expressões, vem que:

$$I = f \cdot (m/e - 1)$$

Essa expressão demonstra a maneira como a força de inércia se comporta em relação à força dinâmica e a massa do corpo.

7. Relação (III)

Foi demonstrada a seguinte verdade:

a) $I = F - f$
b) $f = e \cdot \alpha$

Substituindo convenientemente as duas últimas expressões vem que:

$$I = F - e \cdot \alpha$$

8. Relação (IV)

A equação avaliatória do espectro dinâmico estabelece que a *absorvidade* e o *fluxo dinâmico* no estado fundamental estão relacionados pela seguinte expressão:

$$1 = \eta_0 + \phi_0$$

O fluxo dinâmico fundamental pode ser expresso pela seguinte relação:

$$\phi_0 = m \cdot f/F$$

Substituindo convenientemente as duas últimas expressões, resulta que:

$$\eta_0 = 1 - m \cdot f/F$$

Sabe-se que:

$$e \equiv \phi_0$$

Também se pode escrever que:

$$\eta_0 = 1 - e$$

Portanto, as referidas equações permitem estabelecer valor de uma constante universal (k), a qual é numericamente igual ($\equiv$) a absorvidade dinâmica (η_0) no seu estado fundamental.

Simbolicamente o referido enunciado é expresso por:

$$\eta_0 \equiv k$$

Isso porque (1 - e) corresponde a um valor constante (k).

9. Relação (V)

Foi demonstrado no presente estudo que:

a) $\eta_0 = 1 - e$
b) $\eta_0 \equiv k$

Substituindo convenientemente as duas últimas expressões, vem que:

$$1 = k + e$$

10. Relação (VI)

Foi demonstrado no presente estudo que:

$$\eta_0 = 1 - m \cdot f/F$$

Ocorre que a força de inércia inicial (I_0) de um corpo (quando m = 1) é expressa por:

$$I_0 = \eta_0 \cdot F$$

Portanto, substituindo convenientemente as duas últimas expressões, resulta que:

$$I_0/F = 1 - m \cdot f/F$$

Eliminando os termos em evidência, resulta que:

$$I_0 = F - m \cdot f$$

11. Relação (VII)

A equação geral do Dinamismo permite escrever que:

$$e = m \cdot f/F$$

No Dinamismo o peso de um corpo é expresso pela seguinte igualdade:

$$p = m . f$$

Substituindo convenientemente as duas últimas expressões, resulta que:

$$e = p/F$$

Ou seja:

$$p = e . F$$

Logo se pode afirmar que no Dinamismo o peso de um corpo é igual ao produto entre o estímulo pela força externa aplicada sobre o corpo. Diante dessa expressão matemática torna-se claro que o peso é uma grandeza física distinta da força externa.

12. Relação (VIII)

No presente estudo foi demonstrada a realidade das seguintes expressões:

a) $I_0 = F - m . f$
b) $p = m . f$

Substituindo convenientemente as duas últimas expressões, obtém-se que:

$$I_0 = F - p$$

Portanto, a inércia inicial de um corpo é uma força, igual à diferença matemática entre a força externa pelo peso do corpo.

13. Relação (IX)

No presente estudo foi apresentada a seguinte equação:

a) $F = I + f$
b) $p + m \cdot f$

Substituindo convenientemente as duas últimas expressões, obtém-se que:

$$p = m \cdot (F - I)$$

Observe como o peso se apresenta em relação ao comportamento da massa, da força externa e da força de inércia.

14. Relação (X)

No presente estudo foi demonstrada a seguinte verdade:

a) $p = e \cdot F$
b) $f = e \cdot \alpha$

Substituindo convenientemente as duas últimas expressões, pode-se escrever que:

$$p = f \cdot F/\alpha$$

Logo, em Dinamismo o peso de um corpo é igual ao produto existente entre a força dinâmica pela força externa, inversa pela aceleração a qual o corpo está sujeita.

15. Relação (XI)

No presente estudo foi apresentada a seguinte verdade:

$$f = F - I$$

Evidentemente pode-se escrever que:

$$f = F - I \; . \; F/F$$

Desse modo pode-se expressar que:

$$f = F . (1 - I/F)$$

Ocorre que pela segunda Lei de Newton, pode-se escrever que:

$$F = m \; . \; \alpha$$

Substituindo convenientemente as duas últimas expressões, resulta que:

$$f = m \; . \; \alpha \; . \; (1 - I/F)$$

Portanto, pode-se escrever que:

$$f/\alpha = m \; . \; (1 - I/F)$$

Porém, foi demonstrado que:

$$e = f/\alpha$$

Logo, substituindo convenientemente as duas últimas expressões, resulta que:

$$e = m \cdot (1 - I/F)$$

Também foi demonstrado que:

$$\eta = I/F$$

Assim, substituindo convenientemente as duas últimas expressões, resulta que:

$$e = m \cdot (1 - \eta)$$

Portanto, a constante fundamental denominada por estímulo é igual ao valor número "um" menos a absorvidade dinâmica, multiplicado pela massa do corpo.

16. Relação (XII)

Foi demonstrada no presente estudo a seguinte verdade:

a) $e = m \cdot (1 - \eta)$
b) $\eta = 1 - \phi$

Substituindo convenientemente as duas últimas expressões, obtém-se que:

$$e = m \cdot \phi$$

Portanto, pode-se afirmar que o estímulo é igual ao produto entre a massa pelo fluxo dinâmico.

17. Relação (XIII)

No presente estudo foi demonstrada a seguinte verdade:

a) $I = F \cdot (1 - \phi)$
b) $f = F \cdot (1 - \eta)$

Dividindo as referidas expressões, membro a membro, obtém-se que:

$$I/f = F \cdot (1 - \phi)/F \cdot (1 - \eta)$$

Eliminando os termos em evidência, resulta que:

$$I/f = 1 - \phi/1 - \eta$$

18. Relação (XIV)

Na presente obra foi demonstrada a seguinte verdade:

a) $I = F - f$
b) $f = e \cdot \alpha$
c) $F = m \cdot \alpha$

Substituindo convenientemente as três últimas expressões, resulta que:

$$I = \alpha \cdot (m - e)$$

A referida expressão consegue relacionar a força de inércia de um corpo com a aceleração desse corpo, sua massa e estímulo.

19. Relação (XV)

Foi demonstrado no presente estudo que:

a) $I_0 = F - p$
b) $p = e \cdot F$

Substituindo convenientemente as duas últimas expressões, resulta que:

$$p = F - I_0$$
$$e \cdot F = F - I_0$$
$$e = F/F - I_0/F$$

Eliminando os termos em evidência, conclui-se que:

$$e = 1 - I_0/F$$

20. Relação (XVI)

Foi demonstrada na presente obra a realidade das seguintes equações:

a) $F = I + f$
b) $I_0 = F - m \cdot f$

Substituindo convenientemente as duas últimas expressões, vem que:

$$I = F - f$$
$$I = I_0 + m \cdot f + f$$

Leandro Bertoldo
Conceitos Matemáticos Sobre o Dinamismo

Portanto, resulta que:

$$I = I_0 + f \,.\, (m - 1)$$

21. Relação (XVII)

Neste estudo foi apresentada a seguinte equação:

a) $I_0 = F - p$
b) $F = m \,.\, \alpha$
c) $p = m \,.\, f$

Substituindo   convenientemente   as   três   últimas
expressões, vem que:

$$I_0 = m \,.\, \alpha - m \,.\, f$$

Portanto, resulta que:

$$I_0 = m \,.\, (\alpha - f)$$

22. Relação (XVIII)

Foi demonstrado no presente estudo que:

a) $p = m \,.\, (F - I)$
b) $p = m \,.\, f$
c) $I_0 = F - m \,.\, f$

Substituindo   convenientemente   as   três   últimas
expressões, resulta que:

$$p = m \cdot f - m \cdot I$$
$$m \cdot f = m \cdot F - m \cdot I$$

Como $(F - I_0 = m \cdot f)$, vem que:

$$F - I_0 = m \cdot F - m \cdot I$$

Assim, pode-se escrever que:

$$m \cdot I = m \cdot F - F + I_0$$

Portanto, pode-se concluir que:

$$I \cdot m = I_0 + F \cdot (m - 1)$$

23. Relação (XIX)

Foi demonstrado que:

a) $F = I + f$
b) $F = m \cdot f/e$

Substituindo convenientemente as duas últimas expressões, resulta que:

$$m \cdot f/e = I + f$$

Portanto, resulta que:

$$m = e \cdot (I/f + 1)$$

Leandro Bertoldo
Conceitos Matemáticos Sobre o Dinamismo
24. Relação (XX)

Foi demonstrado que:

a)   **F = I + f**
b)   **F = m . α**

Substituindo convenientemente as duas últimas expressões, resulta que:

$$\alpha = (I + f)/m$$

Essa expressão é bastante evidente para receber qualquer interpretação.

5. Equações Isodinâmicas

1. Introdução

As equações *Isodinâmicas* apresentam propriedades peculiares que definem o estado dinâmico quando a força dinâmica (f) permanece constante durante todo o movimento. Elas aplicam-se perfeitamente no Dinamismo dos corpos em queda livre próximo à superfície do planeta, explicando porque os corpos de diferentes pesos ou massas caem com a mesma aceleração.

Toda vez que a força dinâmica permanecer constante, o movimento do corpo é uniformemente variado.

2. Relação (I)

Foi demonstrado que a força dinâmica que interage num móvel é igual à diferença existente entre a força externa pela força de inércia.

Simbolicamente, o referido enunciado é expresso por:

$$f = F - I$$

Como no estado *Isodinâmico* a força dinâmica permanece constante, pode-se escrever que:

$$f_1 = f_2 = ... = f_n$$

Substituindo convenientemente as duas últimas expressões, vem que:

$$F_1 - I_1 = F_2 - I_2 = \ldots = F_n - I_n$$

3. Relação (II)

Uma propriedade *Isodinâmica* é deduzida matematicamente da seguinte forma:

Sabe-se que:

$$F_1 - I_1 = F_2 - I_2$$

Portanto, pode-se concluir que:

$$F_2 - F_1 = I_2 - I_1$$

Logo, pode-se escrever que:

$$\Delta F = \Delta I$$

A referida expressão caracteriza uma propriedade *Isodinâmica*. Ela afirma que a força externa aumenta na mesma quantidade da força de inércia, o que mantém a força dinâmica constante no decorrer do movimento uniformemente variado. Isso explica porque um corpo em queda livre não sofre nenhuma alteração em seu estado de movimento em função do aumento do peso.

4. Relação (III)

Foi demonstrada que a força dinâmica é diretamente proporcional a força externa e inversamente proporcional a massa do corpo.

Simbolicamente, o referido enunciado é expresso por:

$$f = e \cdot F/m$$

Como no estado *Isodinâmico*, a força dinâmica é expressa por:

$$f_1 = f_2 = ... = f_n$$

Pode-se escrever que:

$$e \cdot F_1/m_1 = e \cdot F_2/m_2 = ... = e \cdot F_n/m_n$$

Eliminando os termos em evidência, resulta que:

$$F_1/m_1 = F_2/m_2 = ... = F_n/m_n$$

Isto significa que no estado *Isodinâmico* a relação entre força externa e massa é constante. Sabe-se, pela segunda lei de Newton, que essa constante é a própria aceleração.

5. Relação (IV)

Foi demonstrado no presente estudo que a força dinâmica é igual ao produto entre o estímulo pela aceleração.
Simbolicamente, o referido enunciado é expresso por:

$$f = e \cdot \alpha$$

No estado *Isodinâmico*, a força dinâmica é expressa por:

$$f_1 = f_2 = ... = f_n$$

Logo se pode escrever que:

$$e \cdot \alpha_1 = e \cdot \alpha_2 = ... = e \cdot \alpha_n$$

Eliminando os termos em evidência, resulta que:

$$\alpha_1 = \alpha_2 = ... = \alpha_n$$

Portanto no estado *Isodinâmico*, a aceleração é constante para todos os corpos, independentemente de sua massa ou peso.

6. Relação (V)

Foi demonstrado no presente estudo que:

$$1/f = 1/I \cdot [(m/e) - 1]$$

Entretanto, sabe-se que:

$$f_1 = f_2 = ... = f_n$$

Substituindo convenientemente as duas últimas expressões, resulta que:

$$1/I_1 \cdot [(m_1/e) - 1] = 1/I_2 \cdot [(m_2/e) - 1] = ... = 1/I_n \cdot [(m_n/e) - 1]$$

7. Relação (VI)

Foi demonstrada a realidade das seguintes expressões:

a) $f = p/m$
b) $f_1 = f_2 = ... = f_n$

Substituindo convenientemente as duas últimas expressões, resulta que:

$$p_1/m_1 = p_2/m_2 = \ldots = p_n/m_n$$

8. Relação (VII)

Foi demonstrado que:

a) $f = F(1 - I/F)$
b) $f_1 = f_2 = \ldots = f_n$

Substituindo convenientemente as duas últimas expressões, obtém-se que:

$$F_1 \cdot (1 - I_1/F_1) = F_2 \cdot (1 - I_2/F_2) = \ldots = F_n \cdot (1 - I_n/F_n)$$

9. Relação (VIII)

No presente tratado foi considerada a seguinte equação:

a) $f = I \cdot (1 - \eta)/(1 - \phi)$
b) $f_1 = f_2 = \ldots = f_n$

Substituindo convenientemente as duas últimas expressões, resulta que:

$$I_1 \cdot (1 - \eta_1)/(1 - \phi_1) = I_2 \cdot (1 - \eta_2)/(1 - \phi_2) = \ldots = I_n \cdot (1 - \eta_n)/(1 - \phi_n)$$

10. Relação (IX)

No movimento *Isodinâmico* a força externa é igual à soma entre a inércia inicial pela força dinâmica, multiplicada pela massa do corpo.

Simbolicamente o referido enunciado é expresso pela seguinte equação:

$$F = m \cdot (I_0 + f)$$

Foi demonstrado que a força externa é expressa pelo produto entre a massa pela aceleração.

Simbolicamente, o referido enunciado é expresso por:

$$F = m \cdot \alpha$$

Substituindo convenientemente as duas últimas expressões, resulta que:

$$m \cdot \alpha = m \cdot (I_0 + f)$$

Eliminando os termos em evidência, resulta que:

$$I_0 = \alpha - f$$

Portanto, conclui-se que a inércia inicial é igual à diferença matemática entre a aceleração pela força dinâmica.

11. Relação (X)

Foi demonstrada a seguinte verdade:

a) $F = m \cdot (I_0 + f)$

b) $I_0 = \alpha - f$

Substituindo convenientemente as duas últimas expressões, vem que:

$$F = m \cdot [(\alpha - f) + f]$$

12. Relação (XI)

Verifica-se que no estado dinâmico *Isodinâmico*, a força de inércia de um corpo em movimento é definida pela seguinte expressão:

$$I = (\alpha - f) + (F - \alpha)$$

13. Relação (XII)

No estudo das propriedades *Isodinâmicas*, verifica-se que a aceleração é diretamente proporcional à inércia inicial do corpo.

Simbolicamente o referido enunciado é expresso pela seguinte equação:

$$\alpha = a \cdot I_0$$

14. Relação (XIII)

Outra propriedade *Isodinâmica* afirma que a força dinâmica é diretamente proporcional à inércia inicial.

Simbolicamente, o referido enunciado é expresso pela seguinte expressão:

$$f = b \cdot I_0$$

15. Relação (XIV)

No presente estudo foi apresentada a realidade das seguintes equações:

a) $f = b \cdot I_0$
b) $\alpha = a \cdot I_0$

Dividindo membro a membro, as referidas expressões ficam reduzidas à seguinte:

$$f/\alpha = b \cdot I_0/a \cdot I_0$$

Eliminando os termos em evidência, resulta que:

$$f/\alpha = b/a$$

Ocorre que foi demonstrada a realidade da seguinte relação:

$$e = f/\alpha$$

Substituindo convenientemente as duas últimas expressões, resulta que:

$$e = b/a$$

Note como a constante fundamental denominada por estímulo é a relação entre duas constantes.

6. Equações Isomazas

1. Introdução

As equações *Isomazas* apresentam propriedades peculiares que caracterizam o estado dinâmico do movimento *Isomaza*, quando a massa (m) do corpo permanece constante durante todo o movimento. Este fenômeno é comum na natureza, pois dentro da visão clássica, a massa é constante.

2. Relação (I)

Foi demonstrada que a massa de um corpo é diretamente proporcional a força externa e inversamente proporcional à força dinâmica.

Simbolicamente, o referido enunciado é expresso pela seguinte equação:

$$m = e \cdot F/f$$

Como no estado dinâmico *Isomaza*, a massa do corpo permanece constante, pode-se escrever que:

$$m_1 = m_2 = \ldots = m_n$$

Substituindo convenientemente as duas últimas expressões, pode-se escrever que:

$$e \cdot F_1/f_1 = e \cdot F_2/f_2 = \ldots = e \cdot F_n/f_n$$

Eliminando os termos em evidência, resulta que:

$$F_1/f_1 = F_2/f_2 = ... = F_n/f_n$$

Isto significa que no estado de *Isomaza*, a relação entre a força externa pela força dinâmica é constante.

3. Relação (II)

Foi demonstrada a realidade das seguintes equações:

a) $F = m . \alpha$
b) $f = e . \alpha$

Substituindo convenientemente as duas últimas expressões, resulta que:

$$F/f = m . \alpha/e . \alpha$$

Eliminando os termos em evidência, resulta que:

$$F/f = m/e$$

4. Relação (III)

Foi demonstrada a seguinte verdade:

a) $F = I + f$
b) $F_1/f_1 = F_2/f_2 = ... = F_n/f_n$

Substituindo convenientemente as duas últimas expressões, resulta que:

$$(I_1 + f_1)/f_1 = (I_2 + f_2)/f_2 = \ldots = (I_n + f_n)/f_n$$

5. Relação (IV)

Foi apresentada no presente tratada a seguinte igualdade:

a) $f = F - I$
b) $F_1/f_1 = F_2/f_2 = \ldots = F_n/f_n$

Substituindo convenientemente as duas últimas expressões, resulta que:

$$F_1/(F_1 - I_1) = F_2/(F_2 - I_2) = \ldots = F_n/(F_n - I_n)$$

6. Relação (V)

Foi demonstrada a realidade das seguintes equações:

a) $p = m \cdot f$
b) $m_1 = m_2 = \ldots = m_n$

Substituindo convenientemente as duas últimas expressões, resulta que:

$$p_1/f_1 = p_2/f_2 = \ldots = p_n/f_n$$

7. Relação (VI)

Foi demonstrada no presente estudo a seguinte verdade:

a) $p = m \cdot f$
b) $f = e \cdot \alpha$

Substituindo convenientemente as duas últimas expressões, vem que:

$$p/f = m \cdot f/e \cdot \alpha$$

Ocorre que no estado *Isomaza*, tem-se que:

$$F/f = m/e$$

Substituindo convenientemente as duas últimas expressões, resulta que:

$$p/f = F/\alpha$$

8. Relação (VII)

Foi demonstrado no presente tratado que:

a) $F = m \cdot \alpha$
b) $m_1 = m_2 = ... = m_n$

Substituindo convenientemente as duas últimas expressões, resulta que:

$$F_1/\alpha_1 = F_2/\alpha_2 = ... = F_n/\alpha_n$$

9. Relação (VIII)

No estado dinâmico de *Isomaza*, verifica-se que o fluxo dinâmico é constante no decorrer do movimento, sendo igual ao quociente da força dinâmica inversa pela força externa.

Simbolicamente, o referido enunciado é expresso pela seguinte relação:

$$\phi = f/F = cte$$

Pois:

$$\phi = e/m = cte$$

Outra propriedade *Isomaza* afirma que a absorvidade dinâmica é constante no decorrer do movimento. Ela é igual ao quociente da força de inércia, inversa pela força externa.

Simbolicamente, o referido enunciado é expresso pela seguinte relação:

$$\eta = I/F = cte$$

10. Relação (IX)

Foi demonstrado no presente estudo que:

a) $\eta = I/F$
b) $\phi = f/F$

A relação entre ambos os termos resulta que:

$$\eta/\phi = I \cdot F/f \cdot F$$

Eliminando os termos em evidência, resulta que:

$$\eta/\phi = I/f$$

Entretanto, como no estado de movimento *Isomaza* as grandezas adimensionais (ϕ e η) permanecem constantes, conclui-se que a relação entre (I e f) também é constante.

Portanto pode-se escrever que:

$$D = \eta/\phi$$

Onde a letra (D) representa uma constante de proporcionalidade.

Substituindo convenientemente as duas últimas expressões, pode-se escrever que:

$$I = D \cdot f$$

Logo, pode-se afirmar que no estado dinâmico *Isomaza*, a força de inércia é diretamente proporcional à força dinâmica.

11. Relação (X)

No estado dinâmico *Isomaza* constata-se que a diferença entra a força externa pelo peso, divididos pela força de inércia é constante no decorrer do movimento.

Simbolicamente, pode-se escrever que:

$$E = (F - p)/I = cte$$

Onde a letra (E), neste caso, representa uma constante de proporcionalidade.

Também se pode escrever que:

$$E = F/I - p/I$$

Entretanto, sabe-se que:

$$1/\eta = F/I$$

Substituindo convenientemente as duas últimas expressões, resulta que:

$$E = 1/\eta - p/I$$

12. Relação (XI)

No estado dinâmico *Isomaza* constata-se que a diferença matemática entre a força externa pelo peso, divididos pela força dinâmica é constante.

Simbolicamente, o referido enunciado é expresso pela seguinte equação:

$$Z = (F - p)/f = cte$$

Onde a letra (Z) representa uma constante de proporcionalidade.

A referida expressão pode ser escrita da seguinte forma:

$$Z = F/f - p/f$$

Porém, foi demonstrado que:

$$1/\phi = F/f$$

Substituindo convenientemente as duas últimas expressões, resulta que:

$$Z = 1/\phi - p/f$$

13. Relação (XII)

Foi apresentada neste estudo, a realidade das seguintes expressões:

a) $Z = F - p/f$
b) $F = m \cdot \alpha$
c) $p = m \cdot f$

Substituindo convenientemente as três últimas expressões, vem que:

$$Z = (m \cdot \alpha - m \cdot f)/f$$

Portanto, pode-se escrever que:

$$Z = (m \cdot \alpha)/f - (m \cdot f)/f$$

Assim, resulta que:

$$Z = m \cdot (\alpha/f - f/f)$$

Eliminando os termos em evidência, resulta que:

$$Z = m \cdot (\alpha/f - 1)$$

Entretanto, sabe-se que:

Leandro Bertoldo
Conceitos Matemáticos Sobre o Dinamismo

$$1/e = \alpha/f$$

Substituindo convenientemente as duas últimas expressões, vem que:

$$Z = m \cdot (1/e - 1)$$

Portanto está explicada a origem da constante (Z) no estado *Isomaza*.

14. Relação (XIII)

No presente estudo foi apresentada a realidade das seguintes equações matemáticas:

a) $E = (F - p)/I$
b) $F = m \cdot \alpha$
c) $p = m \cdot f$

Substituindo convenientemente as três últimas expressões, resulta que:

$$E = (m \cdot \alpha - m \cdot f)/I$$

Portanto, pode-se escrever que:

$$E = m \cdot \alpha/I - m \cdot f/I$$

Logo, vem que:

$$E = m \cdot (\alpha/I - f/I)$$

Entretanto, foi demonstrado que:

$$1/D = f/I$$

Substituindo convenientemente as duas últimas expressões, resulta que:

$$E = m \cdot (\alpha/I - 1/D)$$

7. Equações Isodinas

1. Introdução

As equações *Isodinas* são aquelas que apresentam propriedades peculiares que descrevem o estado dinâmico do movimento *Isodina*, quando a força externa (F) permanece constante no decorrer do movimento.

Quando a força externa permanece constante, isto indica que a força dinâmica permanece constante. Logo, o movimento é uniformemente variado.

2. Relação (I)

Verifica-se no Dinamismo que a força externa que atua sobre um móvel é igual à soma entre a força de inércia com a força dinâmica.

Simbolicamente, o referido enunciado é expresso pela seguinte equação:

$$F = I + f$$

Entretanto, como no estado *Isodina* a força externa permanece constante, pode-se escrever que:

$$F_1 = F_2 = ... = F_n$$

Substituindo convenientemente as duas últimas expressões, pode-se escrever que:

$$I_1 + f_1 = I_2 + f_2 = \ldots = I_n + f_n$$

3. Relação (II)

Uma propriedade do estado *Isodina* é deduzida matematicamente da forma como se segue:

Pela relação anterior, pode-se escrever que:

$$I_1 + f_1 = I_2 + f_2$$

Portanto, conclui-se o seguinte:

$$I_2 - I_1 = f_2 - f_1$$

Assim, vem que:

$$\Delta I = \Delta f$$

Logo, pode-se afirmar que no estado dinâmico *Isodina*, a variação da força de inércia é igual à variação da força dinâmica.

4. Relação (III)

Foi demonstrado que a força externa que atua sobre um móvel é igual ao quociente do produto entre a massa pela força dinâmica, imersa pelo estímulo.

Simbolicamente, o referido enunciado é expresso pela seguinte equação:

$$F = m \cdot f/e$$

Entretanto no estado *Isodina* a força externa é expressa por:

$$F_1 = F_2 = ... = F_n$$

Substituindo convenientemente as duas últimas expressões, resulta que:

$$m_1 . f_1/e = m_2 . f_2/e = ... = m_n . f_n/e$$

Eliminando os termos em evidência, resulta que:

$$m_1 . f_1 = m_2 . f_2 = ... = m_n . f_n$$

5. Relação (IV)

Foi apresentado no presente estudo que:

a) $m_1 . f_1 = m_2 . f_2 = ... = m_n . f_n$

b) $p = m . f$

Substituindo convenientemente as duas últimas expressões, vem que:

$$p_1 = p_2 = ... = p_n$$

6. Relação (V)

No presente tratado, foi demonstrado que:

a) $\eta = I/F$

b) $F_1 = F_2 = ... = F_n$

Substituindo convenientemente as duas últimas expressões, vem que:

$$I_1/\eta_1 = I_2/\eta_2 = ... = I_n/\eta_n$$

7. Relação (VI)

No presente estudo foi apresentada a realidade das seguintes equações:

a) $\phi = f/F$
b) $F_1 = F_2 = ... = F_n$

Substituindo convenientemente as duas últimas expressões, pode-se escrever que:

$$f_1/\phi_1 = f_2/\phi_2 = ... = f_n/\phi_n$$

8. Relação (VII)

No presente tratado foi demonstrada a realidade das seguintes expressões:

a) $F = f/(1 - \eta)$
b) $F_1 = F_2 = ... = F_n$

Substituindo convenientemente as duas últimas expressões, pode-se escrever que:

$$f_1/(1 - \eta_1) = f_2/(1 - \eta_2) = ... = f_n/(1 - \eta_n)$$

9. Relação (VIII)

No presente estudo foi apresentada a seguinte equação:

a) $F = I/(1 - \phi)$
b) $F_1 = F_2 = ... = F_n$

Substituindo convenientemente as duas últimas expressões, resulta que:

$$f_1/(1 - \phi_1) = f_2/(1 - \phi_2) = ... = f_n/(1 - \phi_n)$$

10. Relação (IX)

Foi apresentada no presente estudo a realidade das seguintes equações:

a) $F = m . \alpha$
b) $F_1 = F_2 = ... = F_n$

Substituindo convenientemente as duas últimas expressões, vem que:

$$m_1 . \alpha_1 = m_2 . \alpha_2 = ... = m_n . \alpha_n$$

11. Relação (X)

Uma propriedade do estado dinâmico *Isodina* afirma que a força de inércia inicial (I_0) é definida como sendo igual à diferença existente entre a força externa pelo peso.

Simbolicamente, o referido enunciado pode ser expresso pela seguinte equação:

$$I_0 = F - p$$

Sabe-se que em Dinamismo o peso de um corpo é expresso pela seguinte equação:

$$p = m \,.\, f$$

Também se sabe que a força externa é expressa pela seguinte equação:

$$F = m \,.\, \alpha$$

Substituindo convenientemente as três últimas expressões, vem que:

$$I_0 = m \,.\, \alpha - m \,.\, f$$

Que resulta na seguinte expressão:

$$I_0 = m \,.\, (\alpha - f)$$

12. Relação (XI)

Foi demonstrada a seguinte verdade:

a) $I_0 = F - p$
b) $F = I + f$

Substituindo convenientemente as duas últimas expressões, resulta que:

$$I_0 = I + f - p$$

13. Relação (XII)

Foi demonstrada no presente estudo a seguinte realidade:

a) $I_0 = F - p$
b) $F = p/e$

Substituindo convenientemente as duas últimas expressões, resulta que:

$$I_0 = p \cdot [(1/e) - 1)]$$

Portanto, a relação entre a força de inércia inicial pelo peso é constante no estado *Isodina*.

8. Equações Isoinerciais

1. Introdução

As equações *Isoinerciais* são aquelas que apresentam propriedades peculiares que descrevem o estado dinâmico do movimento *Isoinercial*. Esse estado ocorre quando a força de inércia (I) permanece constante no decorrer do movimento.

2. Relação (I)

No Dinamismo a força externa é igual à soma entre a força de inércia com a força dinâmica.

Simbolicamente, o referido enunciado é expresso pela seguinte equação:

$$F = I + f$$

No estado dinâmico do movimento *Isoinercial*, a força de inércia permanece constante.

Logo, pode-se escrever que:

$$I_1 = I_2 = ... = I_n$$

Substituindo convenientemente as duas últimas expressões, resulta que:

$$F_1 - f_1 = F_2 - f_2 = ... = F_n - f_n$$

3. Relação (II)

Uma propriedade do estado *Isoinercial* é deduzida matematicamente da forma que se segue:
Conforme foi demonstrado:

$$F_1 - f_1 = F_2 - f_2$$

Então, conclui-se que:

$$F_2 - F_1 = f_1 - f_2$$

A referida igualdade estabelece a chamada propriedade *Isoinercial*.

4. Relação (III)

Foi apresentada na presente obra a seguinte equação:

a) $f = e \cdot F/m$
b) $F_1 - f_1 = F_2 - f_2 = ... = F_n - f_n$

Substituindo convenientemente as duas últimas expressões, vem que:

$$F_1 - e \cdot F_1/m_1 = F_2 - e \cdot F_2/m_2 = ... = F_n - e \cdot F_n/m_n$$

Portanto, vem que:

$$F_1 \cdot [1 - (e/m_1)] = F_2 \cdot [1 - (e/m_2)] = ... = F_n \cdot [1 - (e/m_n)]$$

5. Relação (IV)

No presente estudo foi demonstrada a seguinte verdade:

a) $F = f \cdot m/e$

b) $F_1 - f_1 = F_2 - f_2 = \ldots = F_n - f_n$

Substituindo convenientemente as duas últimas expressões, vem que:

$$(f_1 \cdot m_1/e) - f_1 = (f_2 \cdot m_1/e) - f_2 = \ldots = (f_n \cdot m_n/e) - f_n$$

Portanto, resulta que:

$$f_1 \cdot [(m_1/e) - 1] = f_2 \cdot [(m_2/e) - 1] = \ldots = f_n \cdot [(m_n/e) - 1]$$

6. Relação (V)

No presente tratado foi demonstrada a realidade das seguintes equações:

a) $I = f \cdot (1 - \phi)/(1 - \eta)$

b) $I_1 = I_2 = \ldots = I_n$

Substituindo convenientemente as duas últimas expressões, vem que:

$$f_1 \cdot (1 - \phi_1)/(1 - \eta_1) = f_2 \cdot (1 - \phi_2)/(1 - \eta_2) = \ldots = f_n \cdot (1 - \phi_n)/(1 - \eta_n)$$

7. Relação (VI)

Foi demonstrada no presente tratada a realidade das seguintes expressões:

Leandro Bertoldo
Conceitos Matemáticos Sobre o Dinamismo

a) $I = F \cdot (1 - \phi)$
b) $I_1 = I_2 = \ldots = I_n$

Substituindo convenientemente as duas últimas expressões, vem que:

$$F_1 \cdot (1 - \phi_1) = F_2 \cdot (1 - \phi_2) = \ldots = F_n \cdot (1 - \phi_n)$$

8. Relação (VII)

Foi demonstrada a seguinte verdade:

a) $I = \eta \cdot F$
b) $I_1 = I_2 = \ldots = I_n$

Substituindo convenientemente as duas últimas expressões, resulta que:

$$\eta_1 \cdot F_1 = \eta_2 \cdot F_2 = \ldots = \eta_n \cdot F_n$$

9. Relação (VIII)

No presente estudo foi apresentada a seguinte realidade:

a) $I = \alpha \cdot (m - e)$
b) $I_1 = I_2 = \ldots = I_n$

Substituindo convenientemente as duas últimas expressões, vem que:

$$\alpha_1 \cdot (m_1 - e) = \alpha_2 \cdot (m_2 - e) = \ldots = \alpha_n \cdot (m_n - e)$$

10. Relação (IX)

No presente tratado foi demonstrada a realidade das seguintes equações:

a) $I_0 = F - m \cdot f$
b) $I_1 = I_2 = ... = I_n$

Substituindo convenientemente as duas últimas expressões, vem que:

$$(F_1 - m_1 \cdot f_1) = (F_2 - m_2 \cdot f_2) = ... = (F_n - m_n \cdot f_n)$$

11. Relação (X)

No presente tratado foi demonstrado que:

a) $I_0 = F - p$
b) $I_1 = I_2 = ... = I_n$

Substituindo convenientemente as duas últimas expressões, vem que:

$$F_1 - p_1 = F_2 - p_2 = ... = F_n - p_n$$

9. Relações da Força Induzida

1. Introdução

O presente tratado sobre o Dinamismo não estaria completo sem levar em consideração a relação da força induzida com as demais forças definidas nessa obra.

Assim sendo, segue-se o estudo da *relação matemática* existente entre a força induzida com as forças externa dinâmica e de inércia.

2. Equação da Força Induzida

A variação da intensidade de força induzida em um móvel é definida como sendo igual ao produto existente entre a força dinâmica pela variação do tempo.

Simbolicamente, o referido enunciado é caracterizado pela seguinte expressão:

$$\Delta i = f \cdot \Delta t$$

3. Relação (I)

Foi demonstrado que:

a) $f = F - I$

b) $\Delta i = f \cdot \Delta t$

Substituindo convenientemente as duas últimas expressões, resulta que:

$$F - I = \Delta i/\Delta t$$

4. Relação (II)

Foi demonstrado que:

a) $f = e \cdot F/m$
b) $\Delta i = f \cdot \Delta t$

Substituindo convenientemente as duas últimas expressões, vem que:

$$\Delta i = e \cdot F \cdot \Delta t/m$$

5. Relação (III)

Foi demonstrado que:

a) $f = e \cdot \alpha$
b) $\Delta i = f \cdot \Delta t$

Substituindo convenientemente as duas últimas expressões, resulta que:

$$\Delta i = e \cdot \alpha \cdot \Delta t$$

6. Relação (IV)

Foi demonstrado que:

a) $\Delta i = e \cdot \alpha \cdot \Delta t$
b) $\Delta V = \alpha \cdot \Delta t$

Substituindo convenientemente as duas últimas equações, vem que:

$$\Delta i = e \cdot \Delta V$$

7. Relação (V)

Foi demonstrado que:

a) $f = F \cdot (1 - \eta)$
b) $\Delta i = f \cdot \Delta t$

Substituindo convenientemente as duas últimas expressões, resulta que:

$$\Delta i = F \cdot \Delta t \cdot (1 - \eta)$$

8. Relação (VI)

A Mecânica Clássica define uma grandeza chamada impulso como sendo igual ao produto entre a força externa pela variação de tempo.
Simbolicamente, pode-se escrever que:

$$T' = F \cdot \Delta t$$

Foi demonstrado no presente tratado que:

$$\Delta i = F \cdot \Delta t \cdot (1 - \eta)$$

Substituindo convenientemente as duas últimas expressões, resulta na seguinte:

$$\Delta i = T' \cdot (1 - \eta)$$

9. Relação (VII)

Foi demonstrado que:

a) $F = I \cdot (1 - \eta)/(1 - \phi)$
b) $\Delta i = f \cdot \Delta t$

Substituindo convenientemente as duas últimas expressões, vem que:

$$\Delta i = I \cdot \Delta t \cdot (1 - \eta)/(1 - \phi)$$

10. Relação (VIII)

Foi demonstrado que:

a) $\Delta H = I \cdot \Delta t$
b) $\Delta i = I \cdot \Delta t \cdot (1 - \eta)/(1 - \phi)$

Substituindo convenientemente as duas últimas equações, resulta que:

$$\Delta i = \Delta H \cdot (1 - \eta)/(1 - \phi)$$

11. Relação (IX)

Foi demonstrado que:

a) $I = I_0 + f \cdot (m - 1)$
b) $\Delta i = f \cdot \Delta t$

Substituindo convenientemente as duas últimas expressões, resulta que:

$$\Delta i = \Delta t \cdot (I - I_0)/(m - 1)$$

12. Relação (X)

Foi demonstrado que no estado *Isodinâmico* tem-se as seguintes verdades:

a) $f = \alpha - I_0$
b) $\Delta i = f \cdot \Delta t$

Substituindo convenientemente as duas últimas expressões, resulta que:

$$\Delta i = (\alpha - I_0) \cdot \Delta t$$

13. Relação (XI)

Foi demonstrado que no estado *Isodinâmico* que:

a) $\Delta i = (\alpha - I_0) \cdot \Delta t$

b) $\Delta V = \alpha \cdot \Delta t$

Substituindo convenientemente as duas últimas expressões, vem que:

$$\Delta i = \Delta V - I_0 \cdot \Delta t$$

14. Relação (XII)

No estado *Isomaza* foi demonstrado que a relação entre a força externa pela força dinâmica é uma constante.

Simbolicamente, o referido enunciado é expresso pela seguinte relação:

$$k = F/f$$

Sabe-se que a força induzida é expressa pela seguinte igualdade:

$$\Delta i = f \cdot \Delta t$$

Substituindo convenientemente as duas últimas expressões, resulta que:

$$\Delta i = F \cdot \Delta t/k$$

15. Relação (XIII)

Foi demonstrado que no estado *Isomaza* que:

a) $T' = F \cdot \Delta t$

b) $\Delta i = F \cdot \Delta t/k$

Substituindo convenientemente as duas últimas expressões, resulta que:

$$\Delta i = T'/k$$

16. Relação (XIV)

No estado *Isomaza* foi demonstrado que:

a) $f = p \cdot \alpha/F$
b) $\Delta i = f \cdot \Delta t$

Substituindo convenientemente as duas últimas expressões, vem que:

$$\Delta i = p \cdot \alpha \cdot \Delta t/F$$

17. Relação (XV)

Foi demonstrado no estado *Isomaza* que:

a) $\Delta i = p \cdot \alpha \cdot \Delta t/F$
b) $\Delta V = \alpha \cdot \Delta t$

Substituindo convenientemente as duas últimas expressões, vem que:

$$\Delta i = p \cdot \Delta V/F$$

18. Relação (XVI)

Foi demonstrado no estado *Isomaza* que:

a) $f = \phi . F$
b) $\Delta i = f . \Delta t$

Substituindo convenientemente as duas últimas expressões, obtém-se que:

$$\Delta i = \phi . F . \Delta t$$

19. Relação (XVII)

Foi demonstrado no estado *Isomaza* que:

a) $T' = F . \Delta t$
b) $\Delta i = \phi . F . \Delta t$

Substituindo convenientemente as duas últimas expressões, resulta que:

$$\Delta i = \phi . T'$$

Portanto, pode-se concluir que a variação de força induzida num móvel é igual ao produto entre o fluxo dinâmico pelo impulso do corpo.

20. Relação (XVIII)

Foi demonstrado no estado *Isomaza* que:

a) $f = \phi \cdot I/\eta$

b) $\Delta i = f \cdot \Delta t$

Substituindo convenientemente as duas últimas expressões, vem que:

$$\Delta i = \phi \cdot I \cdot \Delta t/\eta$$

21. Relação (XIX)

No estado *Isomaza*, foi demonstrado que:

a) $\Delta H = I \cdot \Delta t$

b) $\Delta i = \phi \cdot I \cdot \Delta t/\eta$

Substituindo convenientemente as duas últimas expressões, resulta que:

$$\Delta i = \phi \cdot \Delta H/\eta$$

22. Relação (XX)

No estado *Isomaza* foi demonstrado que:

a) $f = F - p/Z$

b) $\Delta i = f \cdot \Delta t$

Substituindo convenientemente as duas últimas expressões, vem que:

$$\Delta i = (F - p) \cdot \Delta t/Z$$

Leandro Bertoldo
Conceitos Matemáticos Sobre o Dinamismo

23. Relação (XXI)

Foi demonstrado no estado *Isodina* que:

a) $f = I_0 - I + p$
b) $\Delta i = f \cdot \Delta t$

Substituindo   convenientemente   as   duas   últimas expressões, resulta que:

$$\Delta i = (I_0 - I + p) \cdot \Delta t$$

10. Impulso e Quantidade de Movimento

1. Introdução

No presente capítulo será apresentada a definição de *impulso* e *quantidade de movimento*. Estas grandezas clássicas serão *relacionadas* aos conceitos da teoria do *Dinamismo*.

2. Impulso

O impulso é uma grandeza definida na Física Clássica como sendo igual ao produto existente entre a força externa pela variação de tempo em que ela é aplicada ao móvel.

Simbolicamente o referido enunciado é expresso pela seguinte igualdade:

$$T' = F \cdot \Delta t$$

Esta é a equação que traduz a definição do impulso que uma força comunica a um corpo.

3. Relação (I)

Foi demonstrado que:

a) $F = I + f$
b) $T' = F \cdot \Delta t$

Substituindo convenientemente as duas últimas expressões, vem que:

$$T' = (I + f) \cdot \Delta t$$

4. Relação (II)

Foi demonstrado que:

a) $\Delta i = f \cdot \Delta t$
b) $\Delta H = I \cdot \Delta t$
c) $T' = (I + f) \cdot \Delta t$

Substituindo convenientemente as três últimas expressões, vem que:

$$T' = \Delta H + \Delta i$$

Portanto, pode-se concluir que o impulso de uma força externa é definido como sendo igual à soma entre o ímpeto da inércia pela força induzida no móvel.

5. Relação (III)

Foi demonstrada a seguinte verdade:

a) $F = m \cdot f/e$
b) $T' = F \cdot \Delta t$

Substituindo convenientemente as duas últimas expressões, resulta que:

$$T' = m \cdot f \cdot \Delta t/e$$

6. Relação (IV)

Foi demonstrado que:

a) $p = m \cdot f$
b) $T' = m \cdot f \cdot \Delta t/e$

Substituindo   convenientemente   as   duas   últimas
expressões, vem que:

$$T' = p \cdot \Delta t/e$$

7. Relação (V)

Foi demonstrado que:

a) $\Delta i = f \cdot \Delta t$
b) $T' = m \cdot f \cdot \Delta t/e$

Substituindo   convenientemente   as   duas   últimas
expressões, obtém-se que:

$$T' = m \cdot \Delta i/e$$

8. Relação (VI)

Foi demonstrado que:

Leandro Bertoldo
Conceitos Matemáticos Sobre o Dinamismo

a) $f = e \cdot \alpha$
b) $T' = m \cdot f \cdot \Delta t/e$

Substituindo convenientemente as duas últimas expressões, resulta que:

$$T' = m \cdot e \cdot \alpha \cdot \Delta t/e$$

Eliminando os termos em evidência, vem que:

$$T' = m \cdot \alpha \cdot \Delta t$$

9. Relação (VII)

Foi demonstrado que:

a) $T' = m \cdot \alpha \cdot \Delta t$
b) $\Delta V = \alpha \cdot \Delta t$

Substituindo convenientemente as duas últimas expressões, vem que:

$$T' = m \cdot \Delta V$$

10. Relação (VIII)

Foi demonstrado que:

a) $F = I + e \cdot \alpha$
b) $T' = F \cdot \Delta t$

Substituindo convenientemente as duas últimas expressões, resulta que:

$$T' = (I + e \cdot \alpha) \cdot \Delta t$$

11. Relação (IX)

Foi demonstrado que:

a) $F = I_0/\eta_0$
b) $T' = F \cdot \Delta t$

Substituindo convenientemente as duas últimas expressões, vem que:

$$T' = I_0 \cdot \Delta t/\eta_0$$

12. Relação (X)

Foi demonstrado que:

a) $F = I_0 + m \cdot f$
b) $T' = F \cdot \Delta t$

Substituindo convenientemente as duas últimas expressões, resulta que:

$$T' = (I_0 + m \cdot f) \cdot \Delta t$$

13. Relação (XI)

Foi demonstrado que:

a) $p = m \cdot f$
b) $T' = (I_0 + m \cdot f) \cdot \Delta t$

Substituindo convenientemente as duas últimas expressões, vem que:

$$T' = (I_0 + p) \cdot \Delta t$$

14. Relação (XII)

Foi demonstrado que:

a) $T' = F \cdot \Delta t$
b) $F = p \cdot \alpha/f$

Substituindo convenientemente as duas últimas expressões, pode-se escrever que:

$$T' = p \cdot \alpha \cdot \Delta t/f$$

15. Relação (XIII)

Foi demonstrado que:

a) $T' = p \cdot \alpha \cdot \Delta t/f$
b) $\Delta V = \alpha \cdot \Delta t$

Substituindo convenientemente as duas últimas expressões, resulta que:

$$T' = p \cdot \Delta V/f$$

16. Relação (XIV)

No estado *Isomaza* foi demonstrado que:

a) $F = f/\phi$
b) $T' = F \cdot \Delta t$

Substituindo convenientemente as duas últimas expressões, vem que:

$$T' = f \cdot \Delta t/\phi$$

17. Relação (XV)

No estado *Isomaza* foi demonstrado que:

a) $T' = f \cdot \Delta t/\phi$
b) $\Delta i = f \cdot \Delta t$

Substituindo convenientemente as duas últimas expressões, vem que:

$$T' = \Delta i/\phi$$

18. Relação (XVI)

Foi demonstrado no estado *Isomaza* que:

a) $F = I/\eta$
b) $T' = F . \Delta t$

Substituindo convenientemente as duas últimas expressões, vem que:

$$T' = I . \Delta t/\eta$$

19. Relação (XVII)

Foi demonstrado no estado *Isomaza* que:

a) $T' = I . \Delta t/\eta$
b) $\Delta H = I . \Delta t$

Substituindo convenientemente as duas últimas expressões, resulta que:

$$T' = \Delta H/\eta$$

20. Relação (XVIII)

Foi demonstrado no estado *Isodina* que:

a) $F = f/(1 - \eta)$
b) $T' = F . \Delta t$

Substituindo convenientemente as duas últimas expressões, vem que:

$$T' = f \cdot \Delta t/(1 - \eta)$$

21. Relação (XIX)

Foi demonstrado que no estado *Isodina* que é válida as seguintes equações:

a) $\Delta i = f \cdot \Delta t$
b) $T' = f \cdot \Delta t/(1 - \eta)$

Substituindo convenientemente as duas últimas expressões, resulta que:

$$T' = \Delta i/(1 - \eta)$$

22. Relação (XX)

No estado *Isodina* foi demonstrado que:

a) $F = I/(1 - \phi)$
b) $T' = F \cdot \Delta t$

Substituindo convenientemente as duas últimas expressões, vem que:

$$T' = I \cdot \Delta t/(1 - \phi)$$

23. Relação (XXI)

No estado *Isodina* foi demonstrado que:

a) $\Delta H = I \cdot \Delta t$
b) $T' = I \cdot \Delta t/(1 - \phi)$

Substituindo convenientemente as duas últimas expressões, vem que:

$$T' = \Delta H/(1 - \phi)$$

24. Quantidade de Movimento

A quantidade de movimento é uma grandeza definida na Física Clássica como sendo igual ao produto existente entre a massa do corpo pela velocidade que adquire.

Simbolicamente, o referido enunciado é expresso pela seguinte igualdade:

$$Q = m \cdot V$$

A referida expressão traduz a grandeza física denominada por quantidade de movimento.

25. Teorema do Impulso

O chamado teorema do impulso afirma que o impulso de uma força externa sobre um corpo é igual à variação da quantidade de movimento do móvel, no intervalo de tempo considerado.

Agora, considere a seguinte demonstração:

$$F = (I + f)$$
$$F \cdot \Delta t = (I + f) \cdot \Delta t$$
$$m \cdot \alpha \cdot \Delta t = \Delta H + \Delta i$$
$$m \cdot \Delta t \cdot (V - V_0)/\Delta t = \Delta H + \Delta i$$

Eliminando os termos em evidência, resulta que:

$$m \cdot (V - V_0) = \Delta H + \Delta i$$
$$m \cdot V - m \cdot V_0 = \Delta H + \Delta i$$

Portanto, conclui-se que:

$$Q - Q_0 = \Delta H + \Delta i$$

Como: $(\Delta Q = Q - Q_0)$ pode-se escrever que:

$$\Delta Q = \Delta H + \Delta i$$

A referida expressão explica a variação da quantidade de movimento de um móvel, como sendo igual à soma entre a variação do ímpeto da inércia com a variação da força induzida.

26. Relação (XXII)

Foi demonstrado que:

a) $\Delta i = \Delta Q - \Delta H$
b) $\Delta i = e \cdot \Delta V$

Substituindo convenientemente as duas últimas expressões, vem que:

$$\Delta V = (\Delta Q - \Delta H)/e$$

27. Relação (XXIII)

Foi demonstrado que:

a) $\Delta i = \Delta Q - \Delta H$
b) $\Delta i = f . \Delta t$

Substituindo convenientemente as duas últimas expressões, resulta que:

$$f = (\Delta Q - \Delta H)/\Delta t$$

28. Relação (XXIV)

Foi demonstrado que:

a) $f = (\Delta Q - \Delta H)/\Delta t$
b) $f = e . \alpha$

Substituindo convenientemente as duas últimas expressões, vem que:

$$\alpha = (\Delta Q - \Delta H)/e . \Delta t$$

29. Relação (XXV)

Foi demonstrado que:

a) $f = (\Delta Q - \Delta H)/\Delta t$
b) $f = e . F/m$

Substituindo convenientemente as duas últimas expressões, resulta que:

$$F = (\Delta Q - \Delta H) . m/e . \Delta t$$

11. Energia

1. Introdução

No presente capítulo serão considerados os conceitos de energia cinética e potencial, definidas através das grandezas físicas desenvolvidas no Dinamismo.

2. Energia Cinética

A variação de energia cinética de um móvel é definida como sendo igual à metade da massa multiplicada pelo quadrado da variação da velocidade do móvel.

Simbolicamente o referido enunciado é expresso por:

$$\Delta E_c = m \cdot \Delta V^2/2$$

Pela Dinâmica sabe-se que a variação da quantidade de movimento de um móvel é igual ao produto existente entre a massa pela variação de velocidade que apresenta.

O referido enunciado é expresso simbolicamente pela seguinte equação:

$$\Delta Q = m \cdot \Delta V$$

Substituindo convenientemente as duas últimas expressões, resulta que:

$$\Delta E_c = \Delta Q \cdot \Delta V/2$$

3. Relação (I)

Foi demonstrada no Dinamismo que a variação da quantidade de movimento de um móvel é igual à soma entre a variação do ímpeto pela variação da força induzida.

Simbolicamente, o referido enunciado é expresso pela seguinte igualdade:

$$\Delta Q = \Delta H + \Delta i$$

Foi demonstrado no item anterior que:

$$\Delta E_c = \Delta Q \cdot \Delta V/2$$

Substituindo convenientemente as duas últimas expressões, vem que:

$$\Delta E_c = (\Delta H + \Delta i) \cdot \Delta V/2$$

4. Relação (II)

O Dinamismo demonstra que a variação de velocidade de um móvel é igual à relação matemática existente entre a variação de força induzida pelo estímulo.

O referido enunciado é expresso simbolicamente pela seguinte igualdade:

$$\Delta V = \Delta i/e$$

No item anterior foi demonstrado que:

$$\Delta E_c = (\Delta H + \Delta i) \cdot \Delta V / 2$$

Substituindo convenientemente as duas últimas expressões, resulta que:

$$\Delta E_c = (\Delta H + \Delta i) \cdot \Delta i / 2e$$

5. Energia Potencial

A energia potencial de um corpo é definida como sendo igual ao produto entre a força externa que atua sobre um corpo pela altura de queda livre.

Simbolicamente, o referido enunciado é expresso por:

$$\Delta E_p = F \cdot \Delta h$$

No Dinamismo foi demonstrado que a força externa que atua sobre um corpo é igual à soma entre a força de inércia pela força dinâmica.

O referido enunciado é expresso simbolicamente pela seguinte igualdade:

$$F = I + f$$

Substituindo convenientemente as duas últimas expressões, resulta que:

$$\Delta E_p = (I + f) \cdot \Delta h$$

Leandro Bertoldo
Conceitos Matemáticos Sobre o Dinamismo
6. Relação (III)

A equação de Torricelli permite afirmar que o quadrado da variação de velocidade é igual ao dobro da aceleração multiplicada pela variação de altura.

Simbolicamente, o referido enunciado é expresso por:

$$\Delta V^2 = 2\alpha \, . \, \Delta h$$

Ocorre que a aceleração é igual a relação entre a força dinâmica pelo estímulo.

O referido enunciado é expresso simbolicamente por:

$$\alpha = f/e$$

Substituindo convenientemente as duas últimas expressões, vem que:

$$\Delta V^2 = 2f \, . \, \Delta h/e$$

Sabe-se que o quadrado da variação da velocidade do móvel é igual ao quociente do quadrado da variação da força induzida, inversa pelo quadrado do estímulo.

Simbolicamente o referido enunciado é expresso pela seguinte relação:

$$\Delta V^2 = \Delta i^2/e^2$$

Substituindo convenientemente as duas últimas expressões, vem que:

$$\Delta i^2/e^2 = 2f \, . \, \Delta h/e$$

Eliminando os termos em evidência, resulta que:

$$\Delta i^2/e = 2f \cdot \Delta h$$

Ou seja:

$$\Delta i^2 = 2e \cdot f \cdot \Delta h$$

Assim, pode-se escrever que:

$$\Delta h = \Delta i^2/2e \cdot f$$

Foi demonstrado no item anterior que:

$$\Delta E_p = (I + f) \cdot \Delta h$$

Substituindo convenientemente as duas últimas expressões, vem que:

$$\Delta E_p = (I + f) \cdot \Delta i^2/2e \cdot f$$

12. Força Gravitacional

1. Introdução

A queda livre de corpos abandonados próximo à superfície do planeta descrever um movimento uniformemente variado no estado *Isodinâmico*.

Isto significa que a força dinâmica resultante permanece constante para todos os corpos durante o movimento.

2. Questões

O Dinamismo afirma que, se a mesma força externa for aplicada a dois corpos de massas diferentes, o corpo de menor massa ficará sujeito a uma força dinâmica maior do que o corpo de maior massa.

Entretanto, Galileu demonstrou que, dois corpos que caem da mesma altura chegarão ao solo com as mesmas velocidades, independentemente de qualquer diferença nas suas massas.

Portanto pode-se afirmar que todos os corpos, independentemente de sua massa, caem sob a ação de uma mesmo força dinâmica.

Alguns poderiam apontar o seguinte problema:

I - Tendo em vista a segundo lei de Newton, como é possível que um corpo de grande massa não caia mais rapidamente do que o leve?

II - Tendo em vista a lei da inércia, um corpo de menor massa deve oferecer menos resistência à atração gravitacional e, por conseguinte, como é possível que não caia mais depressa do que um corpo de massa maior?

O Dinamismo é a única teoria que responde adequadamente a estas perguntas.

3. Lei da Queda Livre

Para responder os problemas levantados pelas questões anteriores, considere a seguinte demonstração:

Foram apresentadas que no estado Isodinâmico, são válidas as seguintes equações:

a) $F = I + f$
b) $f_1 = f_2$

Substituindo convenientemente as duas últimas expressões, resulta que:

$$F_1 - I_1 = F_2 - I_2$$

Pode-se escrever que:

$$F_2 - F_1 = I_2 - I_1$$

Assim, resulta que:

$$\Delta F = \Delta I$$

Portanto, conclui-se que:

$$\Delta F - \Delta I = 0$$

Logo, em queda livre a variação da força externa pela diferença da variação da força de inércia é nula.

Desse modo, sob a perspectiva do corpo em queda livre, o aumento da força de inércia é anulado pelo aumento da força externa. Portanto, um corpo de menor massa é atraído com menos força externa do que um corpo de maior massa, numa proporção que anula exatamente a sua força de inércia, de tal forma que a força dinâmica gravitacional permanece constante.

Assim sendo, quando dois corpos de diferentes massas estão em queda livre em atração gravitacional, ambos apresentam a mesma força dinâmica gravitacional. Eis que quanto maior for a massa do corpo, tanto maior será a força externa.

Entretanto, quanto maior for a massa, tanto maior será a força de inércia que se opõe à força externa, anulando-se mutuamente.

Portanto, o aumento ou diminuição da massa implica num respectivo aumento ou diminuição da força externa, bem como num respectivo aumento ou diminuição da força de inércia, de tal forma que a proporção entre a força externa e a força de inércia anula-se.

4. Força Dinâmica Gravitacional

A força dinâmica constante dos corpos em queda livre é denominada por *força dinâmica gravitacional*. Ela é representada pela letra (f).

Assim como a aceleração da gravidade, seu valor varia com a latitude e altitude. É menor no Equador do que nos Polos, devido ao movimento de rotação do planeta.

A força dinâmica gravitacional é definida como sendo igual ao produto existente entre o estímulo (e) pela aceleração da gravidade (g).

Simbolicamente, o referido enunciado é expresso pela seguinte equação:

$$f = e \cdot g$$

5. Lei Gravitacional

De acordo com a lei de atração gravitacional, a aceleração da gravidade (g) é proporcional à massa (M) do planeta e inversamente proporcional ao quadrado da distância (d).

Simbolicamente, o referido enunciado é expresso por:

$$g = G \cdot M/d^2$$

Onde a letra (G) representa uma constante denominada por *constante de gravitação universal*.

Foi apresentado no presente capítulo que a força dinâmica gravitacional é igual ao produto entre o estímulo pela aceleração da gravidade.

Simbolicamente o referido enunciado pode ser expresso por:

$$f = e \cdot g$$

Substituindo convenientemente as duas últimas expressões, resulta que:

$$f = e \cdot G \cdot M/d^2$$

O produto entre as constantes (G) e (e), resulta numa nova constante, a saber:

$$\omega = G \cdot e$$

Substituindo convenientemente as duas últimas expressões, vem que:

$$f = \omega \, . \, M/d^2$$

Essa expressão demonstra que o valor da intensidade da força dinâmica gravitacional, próxima à superfície do planeta pode ser considerado praticamente constante, tendo em vista que as grandezas físicas envolvidas são constantes.

Ela também demonstra que a força dinâmica gravitacional que interage sobre os corpos em *queda livre* ou em *repouso* não depende de tais corpos, mas apenas da fonte do campo gravitacional.

6. Relação (I)

Foi demonstrado no presente estudo que:

a) $f = F - I$
b) $f = \omega \, . \, M/d^2$

Substituindo convenientemente as duas últimas expressões, resulta que:

$$F = \omega \, . \, M/d^2 + I$$

7. Relação (II)

No presente estudo foi demonstrado que:

a) $f = F \, . \, (1 - \eta)$

b)　　$f = \omega \cdot M/d^2$

Igualando convenientemente as duas últimas expressões, vem que:

$$F = \omega \cdot M/d^2 \cdot (1 - \eta)$$

8. Relação (III)

Foi demonstrada a seguinte equação:

a)　　$f = g - I_0$
b)　　$f = \omega \cdot M/d^2$

Substituindo convenientemente as duas últimas expressões, vem que:

$$g = (\omega \cdot M/d^2) + I_0$$

9. Relação (IV)

Foi apresentada a seguinte verdade:

a)　　$f = I \cdot (1 - \eta)/(1 - \phi)$
b)　　$f = \omega \cdot M/d^2$

Substituindo convenientemente as duas últimas expressões, vem que:

$$I = \omega \cdot M \cdot (1 - \phi)/d^2 \cdot (1 - \eta)$$

10. Relação (V)

Foi demonstrado que:

a) $\quad$ **f = p/m**
b) $\quad$ **f = ω . M/d²**

Substituindo convenientemente as duas últimas expressões, vem que:

$$p = ω . M . m/d²$$

11. Força Induzida Orbital

A velocidade orbital de um satélite em torno do planeta é determinada como sendo igual à raiz quadrada do produto entre a constante de gravitação universal pela massa do planeta, inversa pelo raio da órbita.

Simbolicamente, o referido enunciado é expresso pela seguinte equação:

$$V = \sqrt{G} . M/d$$

Foi demonstrado que a força induzida é igual ao produto entre o estímulo pela velocidade.

O referido enunciado é expresso simbolicamente pela seguinte igualdade.

$$i = e . V$$

Substituindo convenientemente as duas últimas expressões, obtém-se a determinação da força induzida orbital de um satélite em torno de um planeta.

$$i = e . \sqrt{G} . M/d$$

Ou seja:

$$i^2 = e^2 . G . M/d$$

12. Energia Cinética Orbital

No presente estudo foi demonstrado que a energia cinética de um móvel é expressa por:

$$E_c = (H + i) . i/2e$$

Portanto, pode-se escrever que:

$$E_c = H . i + i^2/2e$$

Também se pode escrever que:

$$E_c = H . i/2e + i^2/2e$$

Ocorre que foi demonstrado que o quadrado da força induzida é expresso por:

$$i^2 = e^2 . G . M/d$$

Substituindo convenientemente as duas últimas expressões, vem que:

$$E_c = H . i/2e + e^2 . G . M/2e . d$$

Eliminando os termos em evidência, resulta que:

$$E_c = H \cdot i/2e + e \cdot G \cdot M/2$$

13. Relação (VI)

Foi demonstrado que a energia cinética de um móvel é expressa por:

$$E_c = (H + i) \cdot V/2$$

Sabe-se que a velocidade orbital de um satélite é expressa por:

$$V = \sqrt{G} \cdot M/d$$

Substituindo convenientemente as duas últimas expressões, vem que:

$$E_c = (H + i)/2 \cdot \sqrt{G} \cdot M/d$$

Também se pode estabelecer que:

$$E_c^2 = (H + i)^2 \cdot G \cdot M/4d$$

14. Relação (VII)

Considerando que a energia cinética orbital de um satélite é expressa pela seguinte relação:

$$E_c = G \cdot M \cdot m/2d$$

Onde a letra (m) representa a massa do satélite, a letra (M) a massa do planeta, a letra (d) o raio que parte do centro do planeta ao centro do satélite.

Com relação à última expressão pode-se escrever que:

$$2E_c/d = G . M . m/d^2$$

Sabe-se que a força de atração é expressa por:

$$F = G . M . m/d^2$$

Substituindo convenientemente as duas últimas expressões, vem que:

$$F = 2E_c/d$$

Assim vem que:

$$E_c = F . d/2$$

Pela teoria do Dinamismo, sabe-se que:

$$F = I + f$$

Substituindo convenientemente as duas últimas expressões, obtém-se que:

$$E_c = (I + f) . d/2$$

15. Força Gravitacional

Foi demonstrado no presente trabalho que a força gravitacional que um planeta exerce sobre um corpo em órbita é expressa por:

$$F = 2E_c/d$$

Ocorre que foi demonstrado que a energia cinética de um corpo é expressa por:

$$E_c = (H + i) \cdot V/2$$

Substituindo convenientemente as duas últimas expressões, vem que:

$$F = 2(H + i) \cdot V/2d$$

Eliminando os termos em evidência, resulta que:

$$F = (H + i) \cdot V/d$$

16. Relação (VIII)

Sabe-se que a força dinâmica centrípeta é expressa por:

$$f_c = I \cdot V/d$$

Foi demonstrado no item anterior que:

$$F = (H + i) \cdot V/d$$

Substituindo convenientemente as duas últimas expressões, vem que:

$$F = (H + i) \cdot f_c \cdot d/d \cdot i$$

Eliminando os termos em evidência, vem que:

$$F = (H + i) \cdot f_c/i$$
$$F = (H \cdot f_c + I \cdot f_c)/i$$
$$F = H \cdot f_c/i + I \cdot f_c/i$$

Eliminando os termos em evidência, resulta que:

$$F = H . f_c/i + f_c$$

Assim, conclui-se que:

$$F = f_c . (H/i + 1)$$

17. Relação (IX)

Foi demonstrado que:

$$F = (H + i) . V/d$$

Foi apresentado que:

$$V = \sqrt{G} . M/d$$

Substituindo convenientemente as duas últimas expressões, obtém-se que:

$$F = (H + i)/d . \sqrt{G} . M/d$$

$$F^2 = (H + i)^2 . G . M/d^2 . d$$

$$F^2 = (H + i)^2 . G . M/d^3$$

Assim conclui-se que:

$$F = (H + i) . \sqrt{G} . M/d^3$$

12. Relações Relativísticas do Dinamismo

1. Introdução

No presente capítulo serão apresentadas algumas equações relativísticas elementares relacionadas com os conceitos da teoria do Dinamismo.

2. Postulado Fundamental

Um dos postulados básicos da Teoria da Relatividade afirma que a velocidade da luz é uma constante universal.

O Dinamismo afirma que a força induzida (i) é igual ao produto entre o valor do estímulo (e) pela velocidade (V) do móvel. Ora! Se a velocidade da luz é uma constante universal, então se pode afirmar que o produto do estímulo (e) pela velocidade da luz (c) é igual a uma força induzida constante e universal (i_c).

Simbolicamente pode-se escrever que:

$$i_c = e \cdot c$$

Portanto, pode-se enunciar o seguinte postulado: *A força induzida da luz é uma constante universal.*

3. Contração do Comprimento

A Teoria da Relatividade Restrita demonstra que o comprimento (x) de uma barra, medido num referencial (s), é menor do que o comprimento (x') da mesma barra, medido num referencial (s'), animado de velocidade (v) em relação ao referencial (s).

A contração do comprimento é expressa pela seguinte equação:

$$x = (\sqrt{1 - V^2/c^2}) \cdot x'$$

Pela Teoria do Dinamismo, sabe-se que:

a) $V^2 = i^2/e^2$
b) $c^2 = i_c^2/e^2$

Substituindo convenientemente as três últimas expressões, obtém-se que:

$$x = (\sqrt{1 - i^2/i_c^2}) \cdot x'$$

4. Dilatação do Tempo

Considere que (t) seja o intervalo de tempo de duração de um fenômeno qualquer medido por um cronômetro num referencial (s'), que se move com velocidade (V) em relação a um referencial (s).

A dilatação de tempo é expressa na Relatividade Restrita pela seguinte equação:

$$t = t'/(\sqrt{1 - V^2/c^2})$$

Como ($V^2 = i^2/e^2$) e ($c^2 = i_c^2/e^2$), pode-se escrever que:

$$t = t'/(\sqrt{1 - i^2/i_c^2})$$

Pela referida expressão, (t) é maior do que (t'), porque ($1/\sqrt{1 - i^2/i_c^2}$) é menor do que um.

5. Dilatação da Massa

Seja (m_0) a massa de repouso de um corpo medida em relação a um referencial em repouso em relação a um referencial inercial. Seja (m) a massa do mesmo corpo, medida num referencial que se move com velocidade (V) em relação ao referencial em repouso.

De acordo com a Teoria da Relatividade Restrita, a dilatação da massa é expressa por:

$$m = m_0/\sqrt{1 - V^2/c^2}$$

Como ($V^2 = i^2/e^2$) e ($c^2 = i_c^2/e^2$), pode-se escrever que:

$$m = m_0/\sqrt{1 - i^2/i_c^2}$$

Como ($1/\sqrt{1 - i^2/i_c^2}$ é ≥ 1) decorre que o corpo terá maior massa quando em movimento relativo do que estando em repouso.

6. Quantidade de Movimento

A quantidade de movimento na Teoria da Relatividade Restrita é expressa por:

$$Q = m_0 \cdot V/\sqrt{1 - i^2/i_c^2}$$

Porém, sabe-se pelo Dinamismo que a quantidade de movimento de um corpo medida em relação a um referencial em repouso em relação a um referencial inercial é expressa por:

$$Q_0 = H + i$$

Substituindo convenientemente as duas últimas expressões, obtém-se que:

$$Q = (H + i)/(\sqrt{1 - i^2/i_c^2})$$

7. Força Peso

A força-peso de um corpo sob a ação externa é expressa por:

$$p = m \cdot f$$

Sabe-se que:

$$f = i/t$$

Portanto, pode-se definir que:

$$p = m \cdot i/t$$

Então se pode escrever que:

$$p = d/dt(m \cdot i)$$

Pela Teoria da Relatividade Restrita, pode-se escrever que:

$$m = m_0/(\sqrt{1 - i^2/i_c^2})$$

Substituindo convenientemente as duas últimas expressões, vem que:

$$p = d/dt(m_0 . i/\sqrt{1 - i^2/i_c^2})$$

Pode-se escrever que:

$$p = d/dt[m_0 . i/(1 - i^2/i_c^2)^{1/2}]$$

Assim vem que:

$$p = m_0 . (di/dt)/(1 - i^2/i_c^2)^{3/2}$$

Desse modo, conclui-se que:

$$p = m/(1 - i^2/i_c^2) . di/dt$$

8. Força Dinâmica

Pela Teoria da Relatividade Restrita pode-se escrever que a aceleração de um corpo é expressa por:

$$\alpha = F/[m . (1 - i^2/i_c^2)^{3/2}]$$

Como $(f = e . \alpha)$, pode-se escrever que:

$$f = e . \alpha = e . F/[m . (1 - i^2/i_c^2)^{3/2}]$$

Portanto, pode-se concluir que:

$$f = e . F/[m . (1 - i^2/i_c^2)^{3/2}]$$